"小小极客"系列

神奇的
比特世界

吴根清　编著

海豚出版社
DOLPHIN BOOKS
中国国际出版集团

新世界出版社
NEW WORLD PRESS

编者的话

在这个无处不科技的时代，越早让孩子感受科技的力量，越早能够打开他们的智慧之门。

身处这个时代、站在这个星球上，电脑科技的历史有多长？人类和电脑究竟谁更聪明？人类探索宇宙的步伐走到了哪里？"小小极客"系列通过鲜活的生活实例、深入浅出的讲述，让孩子通过阅读内容、参与互动游戏，了解机器人、计算机编程、

虚拟现实、人工智能、人造卫星和太空探索等最具启发性和科技感的主题，从小培养科技思维，锻炼动手能力和实操能力，切实点燃求知之火、种下智慧之苗。

"小小极客"系列是一艘小船，相信它能载着充满好奇、热爱科技的孩子畅游知识之海，到达未来科技的彼岸。

作者介绍

吴根清，毕业于清华大学计算机系，获博士学位。具有多年在移动互联网和人工智能行业工作经验。喜欢给女儿讲解前沿技术。

小小极客探索之旅

　　阅读不只是读书上的文字和图画，阅读可以是多维的、立体的、多感官联动的。这套"小小极客"系列绘本不只是一套书，它还提供了涉及视觉、听觉多感官的丰富材料，带领孩子尽情遨游科学的世界；它提供了知识、游戏、测试，让孩子切实掌握科学知识；它能够激发孩子对世界的好奇心和求知欲，让亲子阅读的过程更加丰富而有趣。

　　一套书可以变成一个博物馆、一个游学营，快陪伴孩子开启一场充满乐趣和挑战的小小极客探索之旅吧！

极客小百科

关于书中提到的一些科学名词，这里有既通俗易懂又不失科学性的解释；关于书中介绍的科学事件，这里有更多有趣的故事，能启发孩子思考。

这就是探索科学奥秘的钥匙，请用手机扫一扫，立刻就能获得——

极客相册

书中讲了这么多孩子没见过的科学发明，想看看它们真实的样子吗？想听听它们发出的声音吗？来这里吧！

极客游戏

读完本书，还可以陪孩子一起玩 AI 互动小游戏，让孩子轻松掌握科学原理，培养科学思维！

极客画廊

认识了这么多新的科学发明，孩子可以用自己的小手把它们画出来，尽情发挥自己的想象力吧！

极客小测试

读完本书，孩子成为小小极客了吗？来挑战看看吧！

欢迎来到计算机的世界

爸爸，不要再工作了，陪我玩嘛！

爸爸工作的时候要用计算机。

计算机是一种很聪明的机器，能帮我们做很多事情。在生活中，到处都能看到计算机，你发现它们了吗？

去找找看吧！

算机呢？

妈妈出差时，我可以用儿童手表和她视频，这种儿童手表也是一种计算机。

超市的收银台用的也是计算机，可以看视频、玩游戏的 iPad 也是计算机，你还发现哪里有计算机呢？

和计算机比一比
谁更厉害

计算机可以做这么多事情，非常厉害！我想和它比一比谁更厉害。

我每天都要吃很多东西，才能长高长大。

扫描二维码，学习更多知识。

嗯，太难的计算题我还不会，不过——我最擅长发明创造！
我能搭出最神奇的房子，墙壁上画满星星，把灯做成云朵的样子；我能画出最厉害的怪兽，头上长了六只角，脸上长了三张嘴巴，钢铁、玻璃都能吃掉。

任何复杂的计算我都不怕，因为我是计算能手！我比人类计算得更快。

我也喜欢学习，不过，我比人类更厉害的一点是——我特别善于同时做很多事情，我可以一边查地图，一边放音乐，一边还在下载游戏……
谁说一心不可二用了？哈哈！

大脑是我们身体的司令部，分为左脑和右脑。一般认为，左脑主要负责说话、写字、计算这些有规则、有顺序的事情，右脑主要负责画画、唱歌、乐器演奏、想象这些感觉类的事情。

我们也有"大脑"，它叫作 CPU（中央处理器），负责计算和思考，内存和硬盘则负责"记忆"和存储信息。

我们人类的计算方法是每十个数进一位，也就是从 0 数到 9，再往后就要进一位，变成 10；从 10 数到 19，又要进一位，也就是 20……一直数到 99，之后再加 1 就是 100。这种计算方法叫作"十进制"。

0	1	2	3	4	5	6	7	8	9
10	11	12	13	14	15	16	17	18	19
20	21	22	23	24	25	26	27	28	29
30	31	32	33	34	35	36	37	38	39
40	41	42	43	44	45	46	47	48	49
50	51	52	53	54	55	56	57	58	59
60	61	62	63	64	65	66	67	68	69
70	71	72	73	74	75	76	77	78	79
80	81	82	83	84	85	86	87	88	89
90	91	92	93	94	95	96	97	98	99

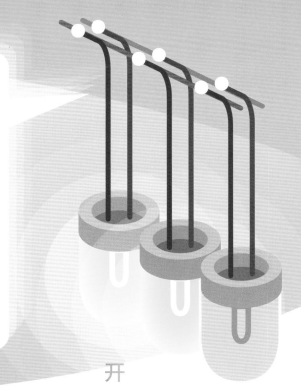

开 开 关

计算机的计算方法是二进制，就是计算机数数时，每个位置只能是0或者1，如果再增加，就要进位。

十进制的1、2、3、4、5、6，在二进制里就是1、10、11、100、101、110。

计算机用电来作为能量来源，很自然地用通电（开）和断电（关）来表达1和0。

十进制的6，二进制表示为110，用电路来表达就是"开开关"。

眼睛、耳朵、鼻子、嘴巴是我感受世界的窗口，我能看到美好的景色、听到动听的音乐、闻到芬芳的花草、尝到美味的食物。

头

鼻子

眼睛

嘴巴

手

脚

扫描二维码，看极客相册。

我虽然看起来没有五官，但我也有很多和世界、和人类交流的部件——摄像头、麦克风、音箱以及各种传感器等，虽然它们的样子看起来可能怪怪的。将来人们不断开发新的功能部件，我的本领就会越来越大啦！

　　小朋友，请你想一想，你的眼睛、耳朵、嘴巴分别对应计算机上的哪些设备？

　　咚咚仔跟计算机比了这么多，你觉得谁更厉害呢？

去计算机的"大脑"探秘

计算机的 CPU 内部，包含了无数晶体管组成的电路。最先进的 CPU 包含的晶体管数量，比全中国的人口还多！而每个晶体管的大小，却不到头发丝的万分之一。

这些晶体管的"开"和"关"表达着计算机的数据。之前说过，计算机是二进制算法，它们用电路的连通与断开来表达 1 和 0，这个 1 或者 0 就被称为"比特"（bit）。比特是计算机表达数据的最小单位。

计算机的内部，就是一个神奇的"比特世界"。

计算机是怎么工作的？

  有了这么多比特之后，计算机是怎么完成复杂工作的呢？ 这就要归功于指挥比特的计算机程序了。简单地说，一个程序包含了很多指令，计算机就是根据指令来工作的。

  那么，什么是指令呢？

  我们先来看看老师如何给同学们下指令吧。

老师为了让小朋友完成她给出的任务，提出了三个要求。对于小朋友来说，老师说的"坐好""听故事""复述故事"，就可以看作是一条条指令。

请同学们围着我坐好

↓

请大家认真听我讲故事

↓

请复述一下刚才的故事

我要发布指令喽，
你们听好！

计算机怎么完成指令？

  与小朋友完成老师的指令的方式不同，计算机是靠微电路来完成指令的，因此每个指令的功能都很简单、很直接。

  假如让小朋友和计算机一起做最简单的加法，小朋友几乎是脱口而出，而计算机则需要分好几个指令一步步完成。比如让计算机计算一加二等于几，需要四条指令。

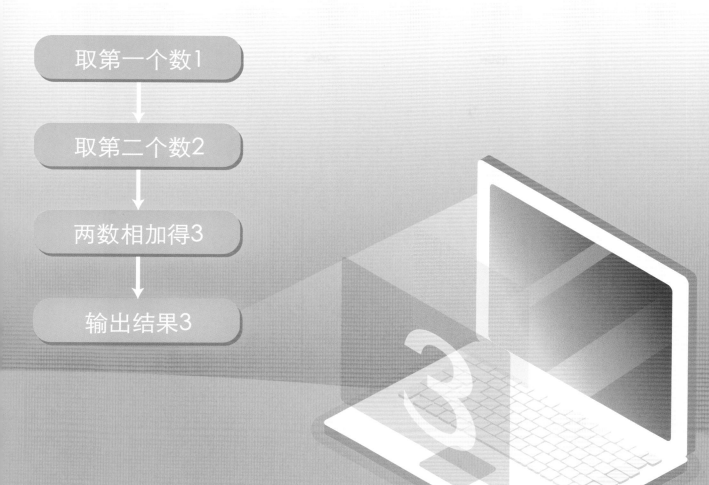

取第一个数1

取第二个数2

两数相加得3

输出结果3

　　这些指令虽然需要一步步完成，但计算机完成指令的速度非常快，一台高配置个人电脑一秒钟能完成的指令数量，差不多和地球上的总人口一样多。

顺序指令：
小蚂蚁吃饼干

下面我们尝试一下，通过设计指令来完成任务吧！

小蚂蚁肚子饿了，它怎么才能吃到饼干呢？

我们可以给它这么几条指令，它按顺序完成，就能吃到饼干了。这个指令序列，就是一段"程序"。

在这里，我们用流程图的形式来表示指令。流程图相当于计算机程序的设计图，在图中，指令框被流程线连在一起，看起来会更清楚。

前进一步

↓

前进一步

↓

向右转

↓

前进一步

↓

前进一步

↓

吃饼干

条件控制指令：带雨伞吗？

  有些指令不是按顺序执行就可以的，而是要根据条件来决定是否执行。比如咚咚仔每天出门上学时，要看有没有下雨，如果下雨要带雨伞，用指令表示，就需要根据"下雨了吗？"来判断怎样执行。

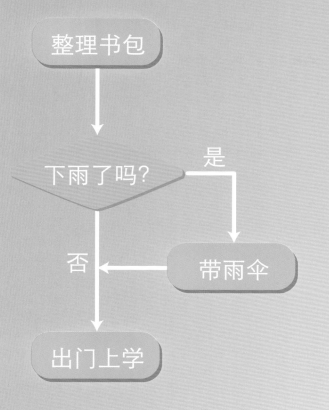

整理书包 → 下雨了吗? —是→ 带雨伞 —否→ 出门上学

双分支的条件控制指令: 带雨伞还是带足球?

有些指令要根据条件来决定执行哪一条指令，这就需要用上带双分支的条件控制指令。

还是咚咚仔出门上学的例子，如果不下雨，他会在下课后玩足球，那么早上出门时就需要带上足球。这时的指令是这样的：

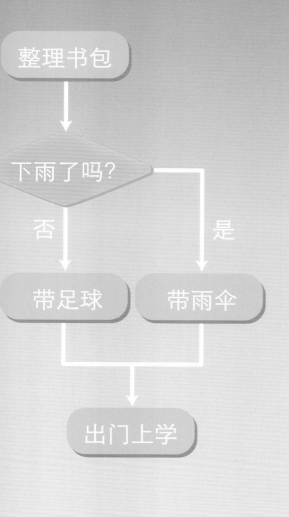

整理书包

下雨了吗？

否　　　是

带足球　　带雨伞

出门上学

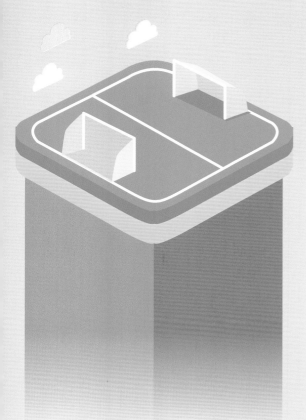

重复指令：
唱 歌

　　有时候我们需要反复做一件事情，就需要用到重复指令。比如在学校里，老师一遍遍地教我们唱歌，直到教会了为止。这个过程用指令表示就是这样的，只要还没学会，就要一直重复教下去。

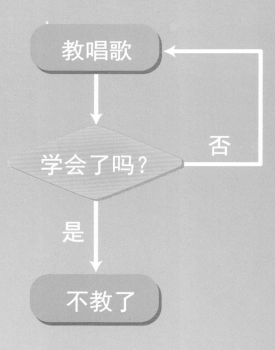

大智

重复指令：丢手绢

丢手绢游戏也可以用重复指令来表示。如果咚咚仔正在拿着手绢跑，他想把手绢丢到大智身后，用重复指令应该怎么表示呢？

现在，小朋友们可以尝试自己设计需要的指令啦。

如果使用以下参考指令，请小朋友们用流程线把它们连接起来吧！

拿着手绢跑

前面的小朋友是大智吗？

丢下手绢，跑掉

自己动手写程序

学习了这么多，现在来挑战一下，为小红帽编写一段小程序吧。

有一天，小红帽想要去外婆家，路上有一个必经的分岔路口。大灰狼平时住在右边那条路上，但每到周末，它都跑到左边那条路去度假。

请你设计一个小程序，帮助小红帽选择最安全的路线，这样她就能顺利到达外婆家啦！用相应的指令完成程序，在纸上写一写、连一连吧！

开始

是周末吗？

前进一步

结束

是第二个分岔路口吗？

是第一个分岔路口吗？

向左转

向右转

小提示

1. "向左转"和"向右转"的指令只是转向，不能前进。

2. 每种指令可以使用的次数没有限制，也可以不使用。

开 始

前进一步

前进一步 → 是周末吗？ ——是→ 向右转

否

前进一步（左）　　前进一步（右）

前进一步（左）　　前进一步（右）

向右转　　　　　　向左转

前进一步（左）　　前进一步（右）　　结 束

前进一步（左）　　前进一步（右）　　前进一步

向左转 ———→ 前进一步 ———→ 前进一步

小朋友，这里给出了参考程序，跟你编写的程序有没有不同呢？我们按照参考程序来走一遍吧！

1. 假如今天是星期一，哪些指令会被执行呢？

2. 假如今天是周末，又是哪些指令会被执行呢？

小朋友们，上一页的参考程序中没有使用重复指令，怎么能用上呢？如果每一段路不知道需要走多少步，程序应该怎么写呢？

你可以开动脑筋，跟爸爸妈妈讨论，写出更多不同的"程序"来。

扫描二维码，做极客小测试。

今天去哪里？

　　编程喽，编程喽！小朋友，现在我们来做个小小程序员吧！请你从起点出发，按照手机给你的秘密指令，一步步走到终点吧！扫下方二维码才能开始游戏哦！

扫描二维码，玩极客游戏。

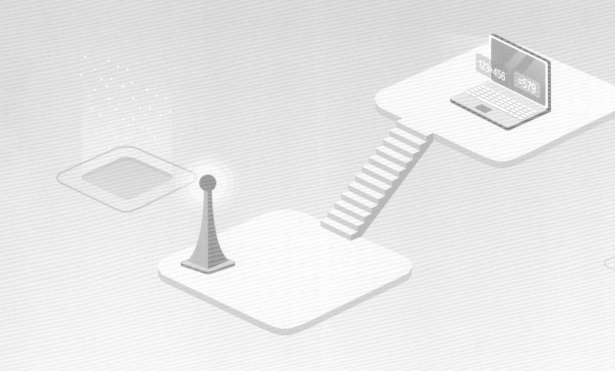

图书在版编目（CIP）数据

神奇的比特世界 / 吴根清编著 . -- 北京：海豚出
版社：新世界出版社，2019.9
  ISBN 978-7-5110-4036-7

  Ⅰ . ①神… Ⅱ . ①吴… Ⅲ . ①程序语言－儿童读物
Ⅳ . ① TP312-49

中国版本图书馆 CIP 数据核字 (2018) 第 286187 号

神奇的比特世界
SHENQI DE BITE SHIJIE
吴根清　编著

出 版 人　　王　磊
总 策 划　　张　煜
责任编辑　　梅秋慧　张　镛　郭雨欣
装帧设计　　荆　娟
责任印制　　于浩杰　王宝根
出　　版　　海豚出版社　新世界出版社
地　　址　　北京市西城区百万庄大街 24 号
邮　　编　　100037
电　　话　　(010)68995968（发行）　　(010)68996147（总编室）
印　　刷　　小森印刷（北京）有限公司
经　　销　　新华书店及网络书店
开　　本　　889mm×1194mm　1/16
印　　张　　3
字　　数　　37.5 千字
版　　次　　2019 年 9 月第 1 版　2019 年 9 月第 1 次印刷
标准书号　　ISBN 978-7-5110-4036-7
定　　价　　29.80 元

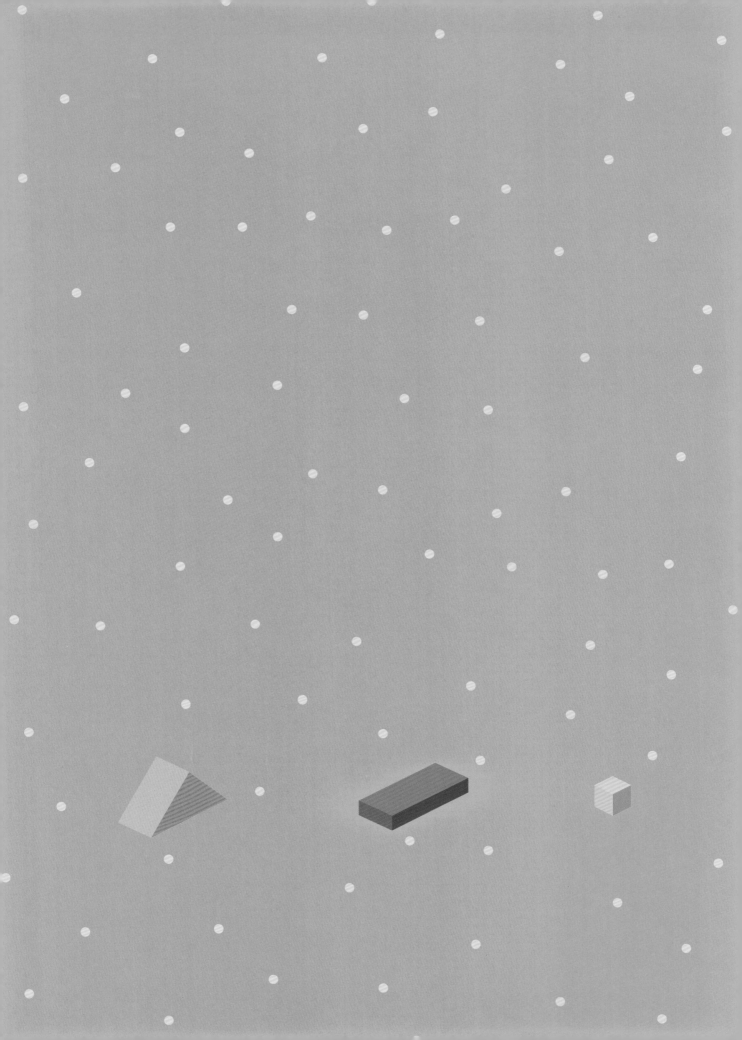